プロローグ

かつての近鉄養老線は、2007(平成19)年10月1日に第2種鉄道事業者の養老鉄道となってからは近鉄と地元自治体から一定の補助を受けて運行を継続する鉄道であり、それから10年が経過した。車輌はすでに養老鉄道の所有となっていたが、改めて、2018(平成30)年1月1日からは大垣市など地元自治体が中心となり「養老線管理機構」が設立され、近鉄から車輌に加えて施設の譲渡も受けて第3種鉄道事業者となり、運営は現在の養老鉄道が第2種鉄道事業者としてそのまま続けることになった。■

養老線は、私にとっては幼い時からの身近な「電車」であり、養老の公園や滝、池野の霞ケ渓での写生大会、遠足、修学旅行などで利用する機会の多い鉄道であった。西大垣駅は学校からも近く、工場群に囲まれ、朝夕出退時のラッシュアワーの光景、多くの貨車で賑わう構内の入換えなどが懐かしい、思い出の鉄道である。それが近年では利用者の減少により、経営問題が話題となり、第３セクターになる時代が来るなど、それこそ予期しない出来事であった。

　この際、思い出の車輛の半世紀を辿ってみようと思う。

大垣駅で発車を待つ桑名行きの5412－5102。小さな5412は養老電気鉄道時代に製造された養老線生え抜きの制御車であった。ホーム上屋の大きな看板も懐かしい。
　　　　　　　　　　　　1957.9.28　大垣　P：阿部一紀

1. 養老鉄道の成り立ちと電化

養老鉄道(初代)は地元出身の立川勇次郎(1862〜1925)が初代社長として1913(大正2)年7月31日池野〜大垣〜養老間(24.7km)を開業した。立川は1886(明治19)年弁護士として上京したが、電気事業の将来に目を付け実業界に転じ、電鉄、電力の企業化を目標とした。1889(明治22)年には東京電気鉄道の免許を申請したが許可されず、1896(明治29)年川崎電気鉄道に参画し、1899(明治37)年1月21日大師電気鉄道として開業後は、専務取締役に就任し、経営の任に当たった。同年4月25日には京濱電気鉄道と改め、同社発展の基礎を築いた。

郷里の要望もあり、1911(明治44)年7月には四日市の井島茂作氏から養老鉄道の建設を要請され、社長に就任し、1913(大正2)年養老〜池野間の開業にいたった。地元では1912(大正元)年揖斐川電力の社長にも就任し、揖斐川水系の電源開発と電力販売のため工場誘致にも努めていた。

その後の養老鉄道は北と南への延長をめざし、1919(大正8)年4月27日には、北は池野〜揖斐(4.0km)、南は養老〜桑名(28.9km)と全線57.6kmが開通した。このルートは揖斐川の支流と揖斐川本流に並行して南北に走るルートである。それまでこの地域の輸送の主流は、この南北の舟運を利用し、伊勢湾を介して東西の交通網に繋ぐものであり、この交通体系を踏襲した養老鉄道であったが、この立地条件は旅客流動の面では不利となり、その後親会社からの分離、併合が繰り返され経営難の要因ともなった。さらに近年の揖斐川はじめ木曽三川への架橋の増加と道路網の整備は、沿線の貨客流動形態を東西の輸送経路に直接結びつける変化をもたらす要因ともなっている。

会社は1921(大正10)年12月25日の株主総会で揖斐川電気(現・イビデン株式会社)と合併を決議し翌年5月同社の鉄道部門となった。これは立川が電力の売電先として電気鉄道を目論み、養老鉄道を売電先の一つとして鉄道電化を考えたことによるものであり、蒸気鉄道時代は約10年で幕を閉じた。ところが1925(大正14)年立川が死去すると1928(昭和3)年2月25日には重荷になった鉄道事業を電気会社から分離し養老電気鉄道を設立し、伊勢電気鉄道の熊沢一衛を頼り1929(昭和4)年10月1日伊勢電気鉄道(以下、伊勢電と略)に合併する。この伊勢電時代に会社は岐阜への延長を計画し、1930(昭和5)年、県が失業対策事業の一環として実施した岐垣国道の改良に合わせ、揖斐川、長良川に架設された鉄橋の建設費用の一部を負担した。このため両鉄橋の下流側は複線鉄道が通せる構造となっていた。この権利は近鉄に継承されたが、昭和40年代には県道になり権利も岐阜県に寄贈され、道路として舗装され、橋梁部分だけ幅の広い道路となっている。

■養老線　会社名の変遷
1913(大正2)年7月	養老鉄道(初代)　開業
1922(大正11)年5月	揖斐川電気(合併)
1928(昭和3)年4月	養老電気鉄道(揖斐川電気から分離)
1929(昭和4)年10月	伊勢電気鉄道(合併)
1936(昭和11)年5月	養老電鉄(伊勢電気鉄道から分離)
1940(昭和15)年8月	参宮急行電鉄(合併)
1941(昭和16)年3月	関西急行鉄道
1944(昭和19)年6月	近畿日本鉄道
2007(平成19)年10月	養老鉄道(二代)

電化について、立川は当時の帝国鐵道協会の一員として「軽便鐵道電化調査」に関係していた。この頃欧州の戦乱(第一次大戦)で石炭価格が高騰し、業界では燃料費対策として電化に関心があり、協会としては養老鉄道と富士身延鉄道を対象として1921(大正10)年調査書が纏められた。この調査書の結論は「養老、富士身延両鐵道に就き調査せる結果より推断するに、将来炭価の著しく低落せざる限り、電気動力の使用に依りて経濟上利する所鮮からず。尚又其の以外に於いても幾多の改善を為し得べきを以て、大體に於て一般軽便鐵道は之を電化するを以て得策と為すものと認む。」としている。

立川はこの調査段階で、これに捉われず、すでに養老鉄道での実施案を計画していたようで、前述のように1923(大正12)年、揖斐川電気として電化を実施した。調査書では1200V電化を提案していたが、実際には1923(大正12)年4月の大阪鉄道(現近鉄南大阪線)に次いで5月13日に1500V電化を実施した。

調査書では電気機関車6輛、貨車556輛などの予測数値が出ていたが、立川はこれに乗らず、1922(大正11)年6月26日認可の工事方法変更の認可の際は27t電気機関車2輛、80人乗り電車8輛、付随車としてハ21型8輛、31型2輛を使用し貨車は異動なしで他は廃車としている。実際には電気機関車2輛、電車13輛、貨車87輛でスタートした。

因みに1500V電化は、当時の国鉄(鉄道省)では600V電圧を1200Vに昇圧しつつある段階で、1500V化は1924(大正13)年12月の京浜線田端〜桜木町間で始まったばかりである。

その後会社は、1936(昭和11)年5月20日、親会社である伊勢電の不祥事と経営破綻の余波を受け、再度、分離され養老電鉄に戻り、伊勢電は1936(昭和11)年9月15日参宮急行電鉄と合併する。しかし1940(昭和15)年1月1日に、関西急行電鉄を合併した参宮急行電鉄が8月1日、債務解決の見通しの立った養老電鉄を合併する。さらに1941(昭和16)年3月15日には参宮急行電鉄は親会社である大阪電気軌道に合併され関西急行鉄道(以下、関急と略)と社名を変更する。1944(昭和19)年6月1日には戦時施策として現在の南海電気鉄道を含めて近畿日本鉄道(以下、近鉄と略)が発足し、関急養老線も近鉄養老線となり2007(平成19)年に至るのである。

2. 揖斐川電気・養老電気鉄道の車輌

電化により、このレポートの本題が始まる。蒸気鉄道として発足した養老鉄道では、電化に際しては施設の改良、特にトンネルの改築が必要となった。養老〜多度間に点在するトンネルは養老山脈からの谷川を潜る天井川トンネルで、電化に際してはこの盤下げを行う必要があり、難工事となったという。開通時に鉄道省から払い下げを受けた牧田川橋梁も高さが不足し電化に際し改造された。

電化が決まると、社長がアメリカへ出張しGEへ電車(実際には電装品)の買い入れに行き、社内では話題になったという。この時の電車は13輌で、すべて木製、電動車が1〜10号車の10輌、制御車は101〜103号の3輌あった。このうち3・5・10は伊勢電との合併後の事故により半鋼製車体に改造された。最初に準備された車輌は立川自らが調達した台車、電装品を装備し、特にパンタグラフの大きさは異様だった。

前述のように会社の名称、組織は変遷を重ねたが、その後、養老線用として新造された車輌は養老電気鉄道時代に半鋼製の電動車2輌(11・12号)、制御車4輌(201〜204号)が増備された。

伊勢電と合併した1929(昭和4)年10月1日以後は車輌の融通があったが、後年、改軌前の名古屋線等からの転入、転属による外は昭和後期まで、一部を除き創業期の車輌が活躍を続けることになる。

なお、運転士の教習は愛知電気鉄道で実施したというが、愛電が1500Vに昇圧したのは1925(大正14)年6月であり愛電の600V時代に教習を受けたことになる。その教習は制御器も揖斐川電気が採用するGE-PC(自動進段)方式ではなくWHのHL(手動進段)方式の車輌だったはずであり、違和感はなかったのだろうか。

(1) モハニ1形(1〜10)
→モニ5001形(5001〜5007)

電化後の車輌の姿は西尾克三郎氏の写真集『電車の肖像・上』に残されているが、車体は妻面が丸く木造だがシングルルーフである。立川社長が渡米してまで調達したというGE製の電装品は特異なパンタグラフは別にして、1955(昭和30)年からの鋼体化後も健在であった。このうち3は事故焼失し、1932(昭和7)年、伊勢電の半鋼製車モハニ21として復旧した。5・10も同じく事故復旧で31・32となったが、他は関急時代に改番されモニ5001形となる。GE製のパン

巨大なGE製パンタグラフを載せて養老駅に停車中のモハニ1形6。開け放たれた窓の中には満員の乗客の姿が見える。揖斐川電気としての電化時には、このモハニ1形10輌が用意された。
提供:イビデン株式会社

編成中間に連結された鋼体化後の5001（旧揖斐川電気1）。まだ荷物室は残っているが、荷物室側の前灯はすでにないようだ。ホーム上屋の上の看板は現在は撤去されている。　　　　　　　　　　　　　　　　　　　　　　　　　　　　1962.6.3　大垣　P：阿部一紀

荷物室撤去・片運化後の5002（旧揖斐川電気2）。
　　　　　　1966.7.28　大垣　P：阿部一紀

タグラフは、当時を知るOBの蛭川氏は座談会で「あのパンタグラフは、こわれてしょなかったやわ（地元言葉）」と述べておられる。

　近鉄になり、奈良線車輛と同じ時期、1955（昭和30）年から始まった鋼体化では製造時の車番1・2・8・4・9・6・7の7輌が対象となり、荷物室付きのまま半鋼製車体となった。

　5001と5002の車体は正面丸型3枚窓のまま両運で鋼体化され原形を偲ばせるが、5003以降は正面フラット、2枚窓で奈良線の460系を思わせる。

　側面は5001・5002が大垣側からD1D13331D

揖斐駅で発車を待つ5001（旧揖斐川電気1）ほかの4輌編成。揖斐川電気としての電化時以来の古兵は、鋼体化、荷物室撤去、片運化という改造を受けながら、1970年まで活躍を続けた。　　　　　　　　　　　　　　　　　　　　　　　　　　　　1964年　揖斐　P：清水　武

鋼体化後の5003（旧揖斐川電気8）。鋼体化後、5003以降は5001・5002とは窓配置が異なる姿となり、前面も2枚窓のデザインとなったが、5005以降は片運化などにより別形式となった。
1966.7.28　西大垣
P：阿部一紀

の配置だった。5003・5004は少し車体が延び1D1D13331D1と変わった。

5005〜5007は鋼体化時に片運化され5041〜5043と変更した。なお5001・5002は1964(昭和39)年に片運化と荷物室を撤去。1965(昭和40)年には5004も片運化され、さらにTc化クニ5321となった。

片運化された後は5001・5002が桑名・揖斐寄りでモ5043－モ5001、モ5042－モ5002、モニ5003は大垣寄りでモニ5032と固定編成を組んだ。モ5001・モニ5003は1970(昭和45)年12月、5002は翌年1月に廃車。

（2）モハニ11・12形→モ5011形（5011・5012）

養老電気鉄道（初代）時代の1928(昭和3)年4月に東洋車輌で増備された車輌で、関急時代にモニ5011・5012となる。台車はボールドウインとなり、半鋼製車でリベットが目立つ。妻面3枚窓、大垣寄に荷物室を持ち、側面は荷物室部分に窓がないのを除けばモニ5001形に似たスタイルである。

1958(昭和33)年には5012は手荷物室を撤去し乗務員室扉を新設、桑名向きの片運車となり、妻面も運転台側は当時の鋼体化車と同じHゴム2枚窓、連結面は

片運化後の5012（旧養老電気鉄道12）。5003〜の鋼体化後と同じ前面2枚窓に改造されているが、こちらは登場時からの半鋼製車。側面のリベットが目立つ。
1966.7.28　大垣　P：阿部一紀

◀5011(旧養老電気鉄道11)。5012とともに登場した当初からの半鋼製車だが、改造時期の違いから戸袋窓がHゴムとなり、窓回りもノーシル・ノーヘッダとなった。
1964.2.26 桑名
P：阿部一紀

▼5021(旧伊勢電気鉄道21)の片運化後の姿。もともとは揖斐川電気3だったが、伊勢電時代に火災事故で焼失、半鋼製車体を新造して21として復旧した。 1966.7.14 大垣
P：阿部一紀

貫通式3枚窓となり、側面もD-D13331Dから1D32D231Ddの3扉車となった。

1960(昭和35)年には5011も同様の改造を受け、外板も張り替え、側面が1D5D6Ddの3扉車となったが、戸袋窓がHゴムとなりやや印象はちがう。桑名寄車輛となり、パンタグラフは外されている。

1969(昭和44)年当時は5021－5011、5041－5012の編成を組んでいる。モ5011は1971(昭和46)年3月、5012は1970(昭和45)年11月に廃車。

(3)モハニ21形→モニ5021形

旧揖斐川電気の1形3号が1931(昭和6)年伊勢電の塩浜で事故焼失し翌年半鋼製車モハニ21として復旧し関急モニ5021となった車輛。車輛の共通使用については1929(昭和4)年11月8日認可で伊勢電車輛との相互乗り入れの認可を受けていた。そのため大垣発大神宮前行も運転されたという。1958(昭和33)年、

大垣向片運化と連結面の貫通化が実施された。同時に主制御器を電動カム軸式の東洋TDKに交換した。側面窓配置は1D1D9D1で2段上昇式である。大垣方には荷物室が残され、妻面はフラット3枚窓で大垣

5032(旧揖斐川電気10→伊勢電気鉄道32)の片運化・荷物室撤去後の姿。5021と同じく旧揖斐川電気モハニ1形の事故復旧による半鋼製車。同形の5031がいたが、制御車化により改番され5032のみが残った。 1966.7.28 西大垣
P：阿部一紀

西大垣駅に佇む5021－5011。こうして連結すると車体の大きさの違いが目立つ。　　　西大垣　P：清水　武

方にパンタグラフが付いている。
　廃車は1971（昭和46）年3月であった。

（4）モハニ31形（31・32）
→モニ5031形（5031・5032）

　これも揖斐川電気モハニ1形5・10号の2輌が事故復旧で半鋼製のモハニ31・32を経て関急モニ5031・5032となった。車体は日本車輌製だがモニ5021と同じであった。1964（昭和39）年9月、モニ5031はTc化されクニ5331となった。残ったモニ5032も荷物室、大垣方の運転室を撤去し貫通化した。制御器も前述のモニ5021と同じものに交換した。窓配置は1 2 D 9 D 1となった。パンタグラフは外されている。台車は日車D-16タイプに変わっている。5032の廃車は1970（昭和45）年12月である。

（5）モニ5040形（モニ5041～5043）

　これも揖斐川電気のモハニ9・6・7が関急モニ5005・5006・5007を経て1955（昭和30）年の鋼体化の際モニ5041～5043とされた。この時、主制御器は電動カム軸式の東洋TDKに交換している。モニ5040形は鋼体化後、最初から片運車で、モニ5003・5004と同じ正面2枚窓、連結面切妻で登場し別形式となった。この当時固定編成を組む養老線車輌は大垣方

5043（旧揖斐川電気7→関急5007）。鋼体化時の片運化により形式が分けられた。
　　　1966.7.28　大垣
　　　P：阿部一紀

杭瀬川に沿って雪の美濃路を行く5041（旧揖斐川電気9→関急5005）－5012。　　1964.2　北大垣－室　P：清水　武

車輛にパンタグラフ、制御器を装備し、桑名方車輛にMG、CPを装備していた。廃車は5041が1970（昭和45）年11月、5043が同年12月、5042は翌年1月。

（6）ク5401形（5401～5403）

1924（大正13）年9月揖斐川電気クハ101～103として日本車輌で製造された。木造車であり伊勢電クハ401～403を経て関急ク5401～5403となった。1955（昭和30）年の鋼体化では大垣方運転台の撤去、妻面2枚窓、Hゴム、転結面は貫通路つき。側面は1D6D6Dd、窓は下降式である。台車は日車A形をD-18

5402（旧揖斐川電気102）。電化時にモハニ1形とともに製造された制御車。電動車と同じく鋼体化・片運化された。
1966.7.28　西大垣　P：阿部一紀

に交換した。

その後、主幹制御器をABNに変更した。この工事は他の旧揖斐川電気・養老電気鉄道車輛の制御車の更新工事でも実施され、旧伊勢電車輛用の制御車に特化された。これは出力の関係で旧揖斐川電気・養老電気鉄道車輛はM－M編成化されたためである。

廃車は5401が1971（昭和46）年3月、5402が前年の12月、5403は一足早く前年の11月である。

（7）ク5411形（ク5411～5414）

これも養老電気鉄道時代に東洋車輛で増備された車輛で、モハニ11形と同じく養老線初期の半鋼製車である。クハ201～204から伊勢電クハ411～414を

5413（旧養老電気鉄道203）。モハニ11形と同時期に製造された制御車。外板張り替え前の姿で、リベットの多い車体がいかにも昭和初期の半鋼製車である。　　1962.6.3　西大垣　P：阿部一紀

西大垣駅で待機する5403(旧揖斐川電気103)ほかの4輌編成。当時、西大垣駅には養老線と関わりの深い揖斐川電気工業をはじめ、日本合成化学工業、大日本紡績の専用線も接続しており、構内は貨車で一杯だった。
1964.3　西大垣　P：清水　武

5414(旧養老電気鉄道204)－5111の大垣行き。
1964.3　西大垣　P：清水　武

小雪舞う中を走る5411(旧養老電気鉄道201)－5101。側扉の横には1970年開催の大阪万博のPRステッカーが貼られている。
1969年　美濃高田－烏江　P：清水　武

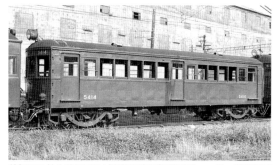

外板張り替え後の5414(旧養老電気鉄道204)。一時、伊勢線で使用されていた。　1966.7.28　西大垣　P：阿部一紀

5101形と連結した5412(旧養老電気鉄道202)。5411形の中では真っ先に廃車となった。　1964.3　大垣　P：清水　武

経て、関急ク5411～5414となった。最初から半鋼製車のため、片運化の際にも妻面のR、3枚窓はそのまま、1958(昭和33)年の桑名方運転台撤去、貫通路新設に際してもRが残った。この際ク5411形も主幹制御器を交換した。窓は下降式でD1221D1221D。1965(昭和40)年、5411～5413は外板張り替え。

5412のボールドウインA形台車。
1963.3　西大垣　P：清水　武

その後5413・5414は伊勢線へ転属し1961(昭和36)年同線の廃止後養老線に復帰した。廃車は1970(昭和45)年11月の5412から5411・5414、翌年4月の5413の順に実施された。

(8) クニ5320形(クニ5321)

2-(1)のモハニ1形の項で既述したが、鋼体化後1965(昭和40)年にモ5004が制御車化されクニ5321となった。これも制御車化の時、主幹制御器を交換した。大垣方向の片運車である。廃車は1971(昭和46)年1月。

(9) クニ5330形(クニ5331)

これもの揖斐川電気のモハニ1がルーツで、2-(4)で述べたようにモニ5031を経て1965(昭和40)年4月4月電装解除されABN制御に変更、クニ5331

▲5004(旧揖斐川電気4)を制御車化した5321。パンタグラフ撤去の跡が残る。
　　　　1966.7.28　西大垣
　　　　　P：阿部一紀

▶5331。揖斐川電気5の事故復旧に際して半鋼製車体とした31→5031を制御車化した。
　　　　1966.7.28　大垣
　　　　　P：阿部一紀

となった。大垣方の運転台と荷物室は健在である。1971(昭和46)年10月廃車。

■

　この時点までに養老線用に新造された車輌は一部事故復旧を経ながらも全車健在で、一部伊勢線へ転属した車輌もあったが、伊勢線の1961(昭和36)年廃止後復帰し、誕生の地で最期を迎えることになった。実質、揖斐川電気・養老電気鉄道時代の車輌は一部の改造車を除いて関急での記号番号を最後まで名乗った。この後は、他線からの転属車となる。

■揖斐川電気モハニ1形　番号の変遷

揖斐川電気	事故復旧	関西急行	廃車時
1		5001	5001
2		5002	5002
3	21	5021	5021
4		5004	5321(制御車化)
5	31	5031	5331(制御車化)
6		5006	5042(鋼体化時片運化)
7		5007	5043(鋼体化時片運化)
8		5003	5003
9		5005	5041(鋼体化時片運化)
10	32	5032	5032

雪の伊吹山地を望みつつ、揖斐へと向かう5003－5032。1923年、揖斐川電気として電化された際に登場したモハニ1形の一統は、改造を重ねつつ、1970年代まで活躍を続けた。
1963.2　室－北大垣　P：清水　武

ノーシル・ノーヘッダの15m級車体にシールドビーム2灯という独特の姿となって養老線で活躍したモニ5101形。旧伊勢電デハニ101形で、戦後、6輌全車が養老線に転入した。
　　　　　　　　　　　　　　　　　　　　　　　　　　　1963.3　西大垣　P：清水　武

3. 伊勢電の車輌

　伊勢電が揖斐川電気から免許を譲り受けた四日市〜桑名間を1929(昭和4)年1月30日に開通させ、10月には養老電気鉄道を合併し、線路がつながると、車輌の交流も始まった。前述のように、1931(昭和6年)には、1形3号が塩浜で事故焼失という記録がある。

(1) モニ5101形(5101〜5106)

　1926(大正15)年11月製の伊勢電のデハニ101〜106である。関急時代にモニ5101形となる。15m車体の半

5103－5413。前灯が2灯化される以前の姿。
　　　　　1962.6.3　西大垣　P：阿部一紀

鋼製車で両運、妻面非貫通であった。1953(昭和28)年頃から更新工事が行われノーシル・ノーヘッダーの車体に生まれ変わった。合わせて制御器を電空単位スイッチのHL制御器を自動進段のABNとし、ブレーキもAMMに変更した。この工事は旧伊勢電車輌に順次行われた。1957(昭和32)年には桑名方の運転台を残して片運化、大垣方は貫通化を実施、1964(昭和39)年にはヘッドライトをシールドビーム2灯化も実施した。屋根上のおわん型ベンチレーターが時代を感じさせた。

　元伊勢電の15m級車輌は戦後全車が養老線所属となるが、モニ5101は早い時期にやって来た。

　廃車は1970(昭和45)年11月の5101・5103・5104・5105、12月の5102と続き、最後の5106は翌年の10月に廃車され、全廃となった。

(2) モ5111形(5111・5112)

　これも伊勢電のデハニ111・112であり、1927(昭和2)年川車製である。やはり関急時代に5111形になる。側面は5101形と同じ1D12D1D1の荷物室付の両運で貫通路付き車輌だった。1957(昭和32)年5112が更新工事を実施し、荷物室撤去、乗務員室扉を新設し、dD13Ddと変更し、ウインドシルも撤去した。更新工事に合わせ、HL制御からABN制御器に変更し

伊勢線から養老線に転入した5111。片運化された5101形に比べ、5111形2輌は両運のままだが荷物室が撤去された。
1963.3　西大垣　P：清水　武

た。1959(昭和34)年に更新された5111は旅客用扉を移設しd2D9D2dと5112とは異なるスタイルとなった。

　名古屋線改軌後は伊勢線で活躍し、1961(昭和36)年1月21日の伊勢線廃止後に養老線に転属した。廃車は5112が1970(昭和45)年、5111が1971(昭和46)年だった。

(3) モ5121形(5121・5122)

　これも伊勢電のデハ121・122で1926(大正15)年日車製。最初から貫通式、両運車で、伊勢電車輌では珍しく荷物室を持たない電動車であり、16mのクロスシート車であった。乗務員室扉は運転席の反対側に

先に更新された5112。側扉が両端に寄せられている。
1966.7.28　西大垣　P：阿部一紀

あり、愛知電鉄の電7形(3080形)と同形車輌とされる。戦時中にロングシート化された。1960(昭和35)年には外板張り替えが実施され、不便だった乗務員室扉を運転席側にも新設し、2段窓化した上部側窓はHゴムとなりバス風のスタイルとなった。この時、制御器のABN化が行われ、ブレーキAMAに変わった。

　この車輌も伊勢線で使用され、廃線後、養老線所属となった。5121が1970(昭和45)年11月、5122が1971(昭和46)年2月に廃車された。

更新時に側窓上部をHゴム化などの近代的なスタイルになった5121。
大垣　P：阿部一紀

(4) モ5131形(5131・5132)

　1927(昭和2)年日車製の伊勢電デハニ131と132で、関急のモニ5131・5132となる。

旧牧田川橋梁を渡る5122。揖斐川の支流である牧田川と杭瀬川が合流するこの付近では水害が多かったことから河川改修が行われ、この旧鉄橋も1997年に架け替えられた。
1969年　友江－烏江　P：清水　武

貫通扉装備、フラットな妻面、荷物室付きで両運という伊勢電タイプの確立した車輌といわれる。1955(昭和30)年更新され、片運化と荷物室撤去が行われ、ｄ２Ｄ８Ｄ３の窓配置となった。同時に制御器のＡＢＮ化、ブレーキのＡＭＡ化と近鉄方式への標準化が進められ、ＭＧも装備した。名古屋線改軌後も伊勢線で使用されたが、同線の廃止後養老線に移った。1970(昭和45)年11月と12月に廃車された。

(5) モニ6201形（6201・6202）

1928(昭和3)年日車製の、伊勢電デハニ201と211である。伊勢電初の17m車であり、モーターは芝浦

モ5131形2輌は更新時に片運化、荷物室も撤去されたが、シルヘッダーは残された。
1966.7.28　西大垣　P：阿部一紀

SE－132（74.6kW×4）、自動進段制御で、201の制御器がGEのPC、211が国産化した東芝のRPCと異なり、番号を分けていたが、後に統一された。ブレーキはAMJを装備した。

両運、荷物室付きの車輌であった。半鋼製車であるがトラス棒が付いていた。特徴ある外観は側窓の配置で1D22222D2D1の1・2毎に半月形の櫛桁があり、ダイヤガラスが入っていた。この飾りは妻面の乗務員室窓の上部にも、施されていた。また扉幅は1000mmであり、乗務員室に隣接する荷物室の扉も同じ幅である。同系のクハ451もあった。

1929（昭和4）年養老鉄道と線路がつながると入線してきた（『きんてつの電車』p59／1993年12月近鉄技術室車輌部発行）というが数が少なく、伊勢電時代からローカル運用に付き、養老線などで使用され、1959（昭和34）年、改軌された。

その後再度狭軌化され、1961（昭和36）年1月31日養老線へ、次いで同年7月29日には伊賀線へ移籍し、そこで廃車された。

残念ながら、小生はこの車輌について養老線での記憶がない。

（6）モニ6221形（6221～6224）

1929（昭和4）年日車製の17m車デハニ221形である。

5131形5132。名古屋線改軌後、伊勢線を経て養老線入りした。
　　　　　大垣　P：阿部一紀

両運転台の貫通式車体を持ち、1D1D10D4の窓配置だが乗務員室扉はない。ロングシート。台車はD-16を履いていたがトラス棒がついていたという。

名古屋線改軌の1959（昭和34）年に6221・6222が狭軌で残り、養老線に来た。1963（昭和38）年6月6223、8月には6224も狭軌に戻り台車もD-16となり養老線用となった。この時6223・6224は方向転換が行われ、荷物室、パンタグラフは揖斐・桑名寄りとなっていた。もともと自動進段のABN制御器とAMAブレーキ車であり、近鉄標準化の改造は受けなかった。

廃車は6221・6222の1970（昭和45）年11月が最初で、6224は12月、6223は翌年1月であった。

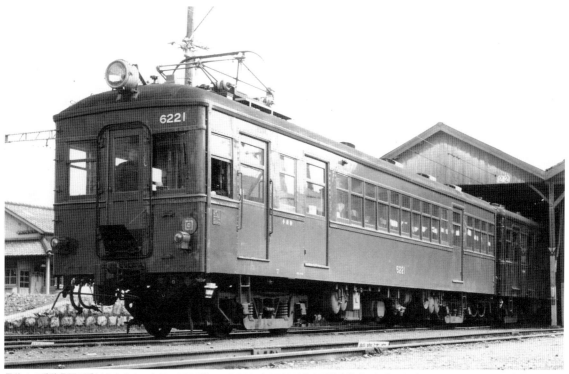

最後まで乗務員扉が設けられなかったモニ6221形。この6221と6222は名古屋線改軌時に転入したが、6223・6224は一旦改軌された後に狭軌に戻されて後から養老線入りした。
　　　　　　　　　　　　　　　1964.4.12　西大垣　P：清水　武

（7）伊勢電デハニ231形の変遷〜その1〜
　2代目クニ5421形（クニ5421〜5424）
　クニ6231形（クニ6240）

　伊勢電の名車デハニ231形は1929（昭和4）年に6輛、翌年に6輛と、12輛が日車で製造された。

　104kW×4のモーターを持つデハニは同系のクハ471形と2輛編成で、特急「神路」「初日」として桑名〜大神宮前間を1時間30分で走破したという伊勢電のエースであった。ところが事故のため231・238を失い、241が231、242が238と後を埋め、関急で6000番代になった時は、モニ6231形6231〜6240となった。また、参宮急行電鉄の手で1936（昭和11）年と1937（昭和12）年に復旧した事故車はモ6241形6241・6242となり、6231形と違い荷物室のない両運車となった。

　ところが名古屋線の改軌を前にした1958（昭和33）年、名古屋線用の通勤車モ6441形1次車5輛（6441〜6445）の製造が決まり、モ6441形にモニ6236〜6239の機器を転用し、その一方で当時木造車のク5421〜5423とクニ5431を廃車しモニ6236〜6239の車体を乗せ換えた。このことを当時の車輛課長赤尾公之氏は「取られたあとの車体をのせかえて鋼体化の代わりとした」と述べている。この結果2代目クニ5421形4輛が生まれた。台車はTR-13、制御器はABN化、片運、ロングシート化されており、伊勢線と養老線で使用された。

　足りない1輛分はモニ6240から調達しクニ6231形の6240とした。養老線で使用しクニ5361と改番して1960（昭和35）年10月伊賀線へ転じた。

（8）伊勢電デハニ231形の変遷〜その2〜
　モ5820形（モ5821〜5824）
　クニ6481形（クニ6481〜6484）
　3代目クニ5421形（クニ5421）

　1960（昭和35）年5月、南大阪線に特急「かもしか」を運転する際、先のクニ5421形（5421〜5424）が起用された。台車を再度D-16に履き替え、モーターは旧式のWH-556-J6ながら4輛とも電装してMc-Mcの2輛編成2組成とした。車体は荷物室を撤去し、転換クロスシート化。特急車モ5820形として近畿日本工機で改装整備された。

　特異な点は、旧性能車ではあったが1編成の8個モーターを1台の制御器でコントロールする方式を採ったことである。これはカルダン駆動の新性能車では一般化したが、当時は新機軸であった。モ5820形とする際は、クニ5421時代の番号順は変更しなかったが、デハニ231形との照合は5821（デハニ236）、5822

■伊勢電デハニ231形の新旧番号

伊勢電	関西急行		廃車時
231	6241（事故復旧）		6241
232	6232		6482
233	6233		6483
234	6234		6484
235	6235		5421
236	6236	5421	5821
237	6237	5422	5822
238	6242（事故復旧）		6242
239	6239	5424	5824
240	6240	6240	5361
241-231	6231		6481
242-238	6238	5423	5823

養老線転入後も南大阪線特急時代のツートンカラーのまま活躍した5821（旧伊勢電236）ほか4連。モ5820形は一旦クニ5421形となっていたグループを南大阪線用として電装、2扉クロスシートに整備した。
1973.2　烏江—美濃高田　P：清水　武

5421（3代目／旧伊勢電235）。改軌後も名古屋線で活躍したのち、養老線転入時に制御車化された。
1966.7.28 大垣 P：阿部一紀

（デハニ237）、5823（デハニ242→238）、5824（デハニ239）である。

「かもしか」として活躍した後、1965（昭和40）年、吉野特急用の16000系が新造されると、5820形4輛は1970（昭和45）年養老線へ移り、2又は4輛で「かもしか」塗装のまましばらく活躍した。特急色の5820形の養老線登場時には沿線住民を驚かせるのに十分だった。間もなく一般塗装に戻リ、5823・5824は1980（昭和55）年1月廃車、5821・5822の廃車は1983（昭和58）年3月だった。

モニ6231形のまま残っていた6231～6234は一度標準軌に改軌され、台車もKD-31Cとなり、名古屋線で活躍したが、1961（昭和36）年には第2次6441形5輛（6446～6445）が増備されることになり、機器提供車に選ばれた。この際台車は標準軌化改造されたD-16Bを履き、片運、ロングシート化され、クニ6481形6481～6484として名古屋線の普通列車運用に付いた。残った6235（旧デハニ235）は狭軌に戻リD-16台車を履きクニ5421（3代目）として養老線に転じ、1形式1輛で活躍、1972（昭和47）年9月に廃車された。

6484（旧伊勢電234）。クニ6481形はモ6441形に機器を供出したグループ。そのモ6441形も後に養老線に転じてきた。
1975.6.25 西大垣 P：阿部一紀

6481（旧伊勢電241）。伊勢電デハニ231形の面影を色濃く残していたクニ6481形もこの6481を最後に1979年に全廃された。
1975.6.25 西大垣 P：阿部一紀

名古屋線のTc車として残ったクニ6481形も養老線の近代化により再度狭軌化され養老線へ移った。廃車は1977（昭和52）年9月の6484から始まり1979（昭和54）年5月の6481で全廃となった。

かくして伊勢電栄光の特急車デハニ231形は養老線に多くの足跡を残して消えた。

5823（旧伊勢電242）。モ5820形となったグループは1980年代まで活躍した。
1977.1.18 広神戸 P：矢崎康雄

湘南マスクの5806－5805を先頭に、志摩線から転入した5961、名古屋線から転入したばかりのク6561形を連結した4輌編成が夏の桑名駅を出発する。　　　　　　　1978.8.24　桑名　P：阿部一紀

4．名古屋線、南大阪線等からの転入車

養老線では、1970（昭和45）年以降、第1次近代化として、ATSの設置とともに、揖斐川電気・養老電気鉄道以来の古い引継ぎ車を淘汰するため、同じ1067mm軌間の南大阪線、あるいは元1067mm軌間の名古屋線からの車輌移入による車輌置き換えが始まった。現在の車輌に置き換わるまでには名古屋線で一旦標準軌化されていた車輌や志摩線からの車輌も過渡的に活躍した。すでに旧伊勢電車輌については紹介したが、ここでは第1次近代化の頃に養老線へ転入した車輌を紹介する。

余談だが、小生が小学六年、1952（昭和27）年の秋、修学旅行で伊勢、二見に出かけた。その際、西大垣駅から伊勢中川駅まで直通列車を利用した。伊勢中川駅では乗り換えとなるが、全5組の生徒が4輌編成の列車に均等に乗車するため、2～4組の生徒が分散することになり、運動場に描いた車輌の絵に乗降する練習を行った。

西大垣から5組の自分が乗った車輌は、元吉野鉄道のクハ301形で、1937（昭和12）年名古屋線に転じていたク6509か6010だったはずだ。便所は使用できなかったがホロで貫通しており、いつもの養老線車輌より大型で、クロスシートであったことを覚えている。こ

モニ5101形と連結して大垣駅に入線する6510。6510はク6501形の中で唯一改軌を経ずに養老線入りした。
1964.5 大垣 P：清水 武

のように、当時、正月の貸切列車などでは、養老線と名古屋線との直通運転が実施されていたようだ。

その後、1959（昭和34）年9月26日夜の伊勢湾台風襲来による、名古屋線の水害による不通と、その際実施した名古屋線の改軌工事（1959年11月27日完成）のため、先に開通した桑名以南からの旅客を名古屋方面へ輸送するため、名古屋地区で水没を免れた車輌を東海道本線経由で回送し養老線はネットダイヤで対応した。

この時は関西線も不通となり、最盛期を迎えていた黒部ダム建設用の三岐鉄道からのセメント輸送も養老線で臨時ダイヤを組み大輸送を実施した。

当時、小生は受験勉強中で、一枚の写真もなく、ダ

6505を先頭に走る3輌編成。1970年代になると、南大阪線や名古屋線からの転入車により揖斐川電気や養老電気鉄道時代からの車輌が置き換えられるようになった。
烏江－美濃高田 P：清水 武

連結側から見た6508。ク6501形の独特の大型窓を持つ車体は編成の中にあってもひときわ目立つ存在だった。
1977.1.18　大垣　P：矢崎康雄

イヤの記録もない。どなたかこの記録を是非ご発表いただきたいと願う。この時は名阪特急も運休で、国鉄は準急「比叡」を名古屋〜大阪間で増発した。

(1) ク6501形 (6502〜6510)

おそらく養老線に入った最初の大型車輛が南大阪線からのクハ301形、のちのク6501形である。

旧吉野鉄道が大阪鉄道との直通運用で余剰気味となっていた301形301〜314が1937(昭和12)年名古屋線に移ったもので、転入後はク6501〜6514となり、6501〜6510にはトイレを設け、1954(昭和29)年には全室運転台車となった。

名古屋線改軌の際は6501〜6509が標準軌化された(台車をD-16Aとした)。6510は改軌されず、養老線に移った。1963(昭和38)には6509も養老線に転属した。その後、ATS取り付けに際し6502〜6508も入線し、最初の2輛は廃車となった。これらも6502〜6506は1972(昭和47)年には廃車、6507・6508も1977(昭和52)年に廃車された。なおク6511〜6514は1964(昭和39)年に南大阪線に戻っている。

(2) モ5631形 (5631)

養老線にとっては珍車である。元は大阪鉄道が1923(大正12)年川崎造船で製造した木造車13輛の末裔の1輛である。戦後まで木造で残っていたモ5601〜5611のうち1948(昭和23)年焼損した5607を翌年4月に日車で鋼体化を行い、モ5631として復旧した車輛で、1形式1輛。最初は妻面非貫通であったが、貫通化が実施されdD6D6Ddで、窓は2段上昇式である。

永年南大阪線で使用されたが、1966(昭和41)年10月養老線に移り、1971(昭和46)年3月最後を迎えた。制御器はAL車であるが、モーターはWH-556-J6で台車はボールドウインの84-25-AAをはいていた。

(3) モ5651形 (5651・5659〜5663)

これも大阪鉄道が1927(昭和2)年8月、日車で15輛製造した半鋼製車デハ101形101〜115である。関急合併でモ5651形5651〜5663(事故廃車を除く)となった。妻面非貫通の車体は1959(昭和34)年頃から妻面貫通化と車体延長、乗務員室扉が新設され、dD222D222Ddの下降窓の車体を持つ。モ5651・5663はモ5631と共に1966(昭和41)年10月養老線にやってきた。しかし、この2輛はATS化の際、1970(昭和45)年と1971年に廃車された。この代わりにモ5659

南大阪線から転入した5631。もとは大阪鉄道出身の木造車を鋼体化したものであった。
1966年　養老　P：清水 武

モ5651形とともに大阪万博のPRステッカーを取り付け活躍する5631。　　　　　　　　　　　　　鳥江－友江　P：清水　武

大阪鉄道を出自とし、南大阪線から転入したモ5651形5659。　　　　　　　　　　　　1977.1.18　西大垣　P：矢崎康雄

～5662が1970(昭和45)年に養老線に移ってきた。大阪鉄道出身車でAL車であり、モーターはWH-556-J6で75kW、台車はボールドウィンの84-25AAを履き、パンタグラフは大垣方である。この車輌も養老線が終の棲家となった。モ5659～5662は1979(昭和54)～1980年1月までに廃車された。

(4) モ6301形(6308～6310)→モ5300形
　　ク6301形(6301～6306)→ク5300形

これは1937(昭和12)年12月、関西急行電鉄が名古屋乗り入れ用として新造した17m車、関西急行電鉄

5662。モ5651形は前面貫通化、乗務員扉設置などの改造を施されていたが、小さな1段窓が並ぶ側面は初期の半鋼製車の面影を留めていた。　　　　　　　1977.1.18　西大垣　P：矢崎康雄

▶形式変更後の5308。近鉄名古屋線名古屋～桑名間のルーツ、関西急行電鉄が日車で製造した1形である。6308～6310の3輌は電動車のまま養老線に転入した。
　1980.3　西大垣　P：清水　武

▼形式変更後の5303。5301～5306の6輌は養老線転入時に制御車化された。
　1975.6.28　西大垣
　　P：阿部一紀

◀焼失した伊勢電231を復旧した6241。車体は関西急行電鉄1形に近いものが新造されている。
1972.5.18　桑名　P:阿部一紀

▼伊勢電238を復旧した6242。同じ境遇の6241と編成を組みこちらがM車扱いだった。
1972.5.18　桑名　P:阿部一紀

1形で、戦前車輌の傑作ともいわれた。
「緑の弾丸」と呼ばれた高速・クロスシート車輌で、一部車輌は1947(昭和22)年、名阪特急(有料)運転開始に備え、整備されツートンカラーになった。改軌後も名古屋線に残り、1964(昭和39)年にはモーターをTDK-528/17-IM(112kW×4)と取り換え強力化したが、1970(昭和45)年12月から翌年2月に6308～6310が台車をD-16に交換し、片運化、ロングシート化して養老線に転用された。さらに1972(昭和47)年モ6301～6306が電装解除の上、ク6301～6306として転入し、ク6501形を置き換えた。1973(昭和48)年12月12日には南大阪線の通勤車に形式を譲り、電動車はモ5300形、制御車はク5300形に変更した。

最初の廃車は5301が1978(昭和53)年5月で、5303・5306・5302・5310の順に1980(昭和55)年1月31日までに廃車された。さらに1982(昭和57)年12月モ5309・ク5305、翌年モ5308・ク5304が廃車され全廃となった。

(5) モ6241形(6241・6242)〔3-(7)参照〕

実は伊勢電のデハニ231と238の焼失車を復旧した車輌で、車体は1939(昭和14)年日車で新製した。両運車で乗務員室扉をはじめから設備したが、TDK-528-Cモーター(104.4kW)などの機器はそのまま使用した。扉間クロスシートで改軌されたが、2輌のため6241は名古屋線時代からTc扱いで6242と固定編成を組んだ。1971(昭和46)に養老線にやってきた。1979(昭和54)年12月には6242・6241とも廃車された。

(6) モニ6221形(6225・6226)〔3-(6)参照〕

これも伊勢電の1929(昭和4)年の車輌、デハニ221形である。すでに一部車輌については紹介したが、新造された6輌のうちも6225と6226は改軌後も名古屋線に残った。しかし出力が小さい(74.6kW×4)ため稼働率が低く、再度狭軌化され養老線に移った。モニ6221形としては再デビューである。1979(昭和54)年5月、2輌とも廃車された。

(7) モ5800形(5800～5810)

元は、大阪鉄道の木造車でシングルルーフ、妻面R付き5枚窓のデイ1形で、関急モ5601形となるが、2連窓上部の半月形飾り窓は、伊勢電のデハニ211・ハ451形の飾り欄間と共にユニークなスタイルであった。

近鉄の木造車鋼体化は1955(昭和30)年以降実施され、奈良線車輌に続きモ5601形10輌を種車として近畿車輌で5800形に生まれ変わった。工事は台枠利用、床下の機器、台車は再用した。新製した車体は

改軌後も名古屋線で長く活躍した6225。同形車と入れ替わる形で養老線入りした。
1975.6.28　西大垣　P:阿部一紀

ク6501形を従え大垣駅に到着する6226。　　　　　　　　　1977.1.18　大垣　P：矢崎康雄

▲(左)5801。優雅な前面半円形の車体を持つ木造車、大阪鉄道デイ1形→関急モ5601形を鋼体化したモ5800形。5801〜5804は当初、前面2枚窓で登場したが、後に貫通化された。
　　1975.6.25　西大垣
　　P：阿部一紀

▲(右)5803。
　　1975.6.25　西大垣
　　P：阿部一紀

▶5802。
　1975.3　石津　P：清水　武

5806－5807－5961ほか4連による臨時急行「養老」号。　　　　　　　　　　　　　　　　　　　　1972.5.7　西大垣　P：阿部一紀

大きな貫通路が独特の雰囲気をもっていたモ5800形。2輛ユニット5組が転入し、6421形や6441形などの転入まで養老線の主力の一角であった。
　　　1975.6.25　西大垣　P：阿部一紀

5804。モ5800形は大垣方の偶数車はパンタグラフを搭載していない。　　　　　1975.6.28　西大垣　P：阿部一紀

奈良線800系によく似た前面デザインで鋼体化された5805。
　　　　　　　　　　　1975.6.28　西大垣　P：阿部一紀

5801〜5804は正面2枚窓の非貫通、5805・5806は2枚窓非貫通・湘南型で、5807〜5810は両側貫通式、張上げ屋根で登場した。5805・5806はツートンカラーで南大阪線とその支線区で使用された。

　電気機器は元々ウエスチングハウスで、モーターはWH-556-J6（75kW×4）、HL制御だったが電動カム軸式の日立MMC-HT-10Bに変更し偶数車に搭載し、ワンコン8M制御と5820形と同じ方式にした。

台車もボールドウインと輸入品であり、モーターは75kWで、早くに20m車化された南大阪線には不向きとされ、1970（昭和45）年、10輛全車が養老線に移り、5802・5804以下偶数車5輛はパンタグラフを外された。養老線の主力車輛となったが、養老線の第2次近代化で、5803・5804が1979（昭和54）年5月、5806〜5809は同年10月、5801・5802・5805・5810は同年11月に廃車された。

▲（左）5807。この車輛以降は張上げ屋根・貫通型で製造された。　1975.6.25　西大垣
　　　　　　P：阿部一紀

▲（右）モ5810。
　　　　1975.6.28　西大垣
　　　　　　P：阿部一紀

▶モ5809。
　　　　1975.6.25　西大垣
　　　　　　P：阿部一紀

5．志摩線改軌による転入車

近鉄は大阪万博を控え志摩地区の開発のため、三重電気鉄道(旧三重交通)を1965(昭和40)年合併し、鳥羽線の延長と志摩線の改軌、昇圧工事に着手(1968年5月)した。1970(昭和45)年3月1日、昇圧、改軌工事は完成した。

(1) サ5930形(5931)

ク602として1952(昭和27)年5月ナニワ工機で製造された。1958(昭和33)年モ5401が製造され、2輛編成とするため、前面貫通化ドアエンジン、放送装置取り付けなどを行い、台車も住友KS33Eに変更し、急行用に整備しク3502とした。近鉄合併時にク5931となった。養老線への転属の経緯は上記の通り。廃車は1977(昭和52)年9月。

(2) サ5940形(5941)

三重交通時代のモニ551・552の台車、モーターなどを流用した更新車である。1958(昭和33)年3月に日車で新製したモ5400形(後の5401→5961)に準じた全金属製車体を新造しモ5210形5211(551)・5212(552)とした。5212はすでに1957(昭和37)年5月に4個モーターとなり一旦モ5411形となっていた。台車はD-14を転用のため重量制限があり、5401より車体長は短く、妻面は貫通式3枚窓、d1D131D1dの窓割で中間の3枚窓分が固定クロスであった。車体はノー

5941(旧三重交通5211)。近代的な車体ながら車長は16m余と小さかった。　　1972.5.7　大垣　P：阿部一紀

シルノーヘッダーで張上げ屋根のため、養老線転入時には異彩を放っていた。

近鉄合併時に5940形と改番、5411は5945に分けられた。MGを積んでいたが交流のため、制御電源用にセレン整流器で電源を確保した。廃車はサ5931と同じ1977(昭和52)年9月。

(3) サ5945形(5945)

この車輌は前項のク5941と同一の生まれのモ552であり、5212となり、1962(昭和37)年4個モーター化され5411となっていた。そのため近鉄合併後異形式のモ5945形とされた。志摩線時代はよく5941-5945で運用されたという。その際は2個モータ車の5941のモーターをカットしクハとして使用した。廃車は1979(昭和54)年5月。

5931(旧三重交通602)。志摩線用として3輛が製造されたク600形のうちの1輛。養老線転入に祭し付随車化された。
　　1975.6.25　西大垣　P：阿部一紀

5945(旧三重交通5212)。5941と同一の出自で、志摩線時代に4個モーター化されたことから形式が分けられたが、養老線では共に付随車化された。 1975.6.25 西大垣
P：阿部一紀

（4）サ5960形（5961）

　三重交通時代の1958(昭和33)年に日本車輌で、志摩線の観光用として新造された。最初はモ5400形5401として、全金属車体、d1D141D1dの窓配置で、張上げ屋根、ノーシル・ノーヘッダーのスマートなスタイルで登場した。車内は戸袋部分を除き固定クロスシートが配置された。台車はND-105、垂直カルダン、電制装備で、改造されたク3502(後のク5931)と編成を組み、急行に使用された。近鉄合併後はモ5960形とされた。5961は18m級のため旧・志摩線用車輌の中で最後まで残った。■

　志摩線改軌後は、上記4輌は600V・HL制御車でもあり1500V化改造されず、同じ運命をたどり、全車付随車化され養老線へ移った。養老線では初めての全金属車体の車輌で異色だった。

　廃車は16m車のサ5931・5941・5945は第2次近代化計画で廃車、サ5961は1983(昭和58)年12月で旧志摩線車輌の最後だった。

▲5961(旧三重交通5401)。5941・5945によく似た車体だが、車体長が長く扉間の窓が1個多い。
　　　　1972.5.7 西大垣
　　　　　P：阿部一紀

▶改軌工事中の志摩線を行く5961((旧三重交通5401)。垂直カルダン駆動を採用した志摩線随一の高性能車であったが、増備はなく1形式1輌のみに終わり、養老線転属に際して付随車化されてしまった。 1969.9 P：清水　武

6. 第二次・第三次 養老線近代化による転入車

　養老線ではATS使用に伴う1970(昭和45)年からの第一次近代化に続き、第二次近代化が1979(昭和54)年から計画され、戦後近鉄車輌の18・20m車を導入することになり、名古屋線の元特急車6421・6431系や通勤車6441系、ク6561形と大阪線のク1560形等を転入させ、従来の17・18m車4輌編成の列車を20m級大型車輌の3輌編成に置き換えることになった。これにより、1981(昭和56)年12月の時点では、40分ヘッド1ダイヤを維持するため西大垣検車区の配置車輌は配置14本(3輌編成10本、2輌編成4本)の38輌となった。旧型車2輌編成は5820形1本、5300形2本となった。その他は1984(昭和59)年からの第三次計画により戦後の近鉄型車輌の20m級車輌となった。これらの車輌は養老線へ転属後3桁形式に変更された。

(1) モ6441形(6441～6450)
　　 ク6541形(6541～6550)
　　　→440系モ440形(441～445←6441～6445)
　　　　ク540形(541～550←6541～6550)
　　　　ク550形(556～560←6446～6450)
　　 (ク550－ク540－モ440／ク540－モ440で使用)

　名古屋線の通勤車輌として旧伊勢電のモーター、電装品、台車を利用し、大阪線の1460形と同じ3扉両開き20m車輌として1958(昭和33)年、新造された。同時に製造された制御車はク6541形である。ク6541

6562とク1560形で元志摩線の5961を挟んだ過渡期の3輌編成が行く。　　　　1983.1.16　美濃山崎　P：田中義人

6442(→442)。モ6441形は伊勢電デハニ231形由来の電装品を用いて製造されたが、養老線にはその231形由来の車体を持つ車輛群と入れ替わるように入線した。　　　　　　　　　　　　　　　1984.3.28　桑名　P：阿部一紀

6542(→542)。　　　　　　　　1984.3.28　桑名　P：阿部一紀

6449(→559)。6446〜6450は養老線転属時に制御車化され、増結用となった。　　　　　　1984.3.28　桑名　P：阿部一紀

形はク6510・6511形(6511〜6514)の台車を転用し5編成が登場した。また、改軌後5編成を追加して合計10編成となった。

　名古屋線の標準軌化後、再度狭軌化され1979(昭和54)年9月モ6441－ク6541、10月にはモ6442－ク6542が養老線へ移った。その後3輌編成化で車輛数削減の第一歩となった。モ6441形とク6541形は全車が養老線所属となった。この時2度目のモーター換装を行い三菱ＭＢ－148－ＡＦ(112kW×4)とした。制御器は日立の電動カム軸式ＭＭＭＣ－Ｈ－10－Ｊとなった。この時には伊勢電時代の電装品はすべて一掃されていた。1984(昭和59)年には、養老線車輛の番号をそれまでの6000番代を止め、下3桁を形式番号とする変更が実施された。この際、制御車化されていた6446

〜6450は556〜560に分けられている。

廃車は1992（平成4）年のモ443－ク543－ク547を最初とし、1994（平成6）年12月のク559が最後となった。

（2）6421系モ6421形（6421〜6426）
　　　ク6571形（6571〜6575）
　　　サ6531形（6531）
　　　→420系モ420形（421〜426←6421〜6426）
　　　　　ク570形（571〜575←6571〜6575）
　　　　　サ530形（531）
　　　（ク540－ク570〈またはサ530〉－モ420で使用）

1953（昭和28）年大阪線の特急車2250系の登場に合わせ、狭軌の名古屋線用に新製した車輛である。大阪線の特急車が3輛編成に対し名古屋線はMc－Tcの2輛固定編成とした。日本車輛製で6421－6571〜6423－6573の3本が1953（昭和28）年3月に登場、続く2本が9月に登場した。最後の6426は1955（昭和30）年10月の増備で、相棒がなかった。そのため1952（昭和27）年製の19m急行用のク6561形6561をサ6531とした。6561を扉位置の変更、便洗面所の新設など、特急車仕様に改造し、充当した。

6571（→571）。養老線での引退後、421とともに大井川鐵道に転じた。　　　　　　　1982.11.26　桑名　P：阿部一紀

1957（昭和32）年には冷房化も実施されたが、伊勢湾台風後の改軌とビスタカーの登場で、1960（昭和35）年からは格下げ工事が始まり、3扉化、冷房撤去とセミクロス化が行われた。

1979（昭和54）年には狭軌に戻され、養老線へ移った。この時は6000番代の形式・番号のままであった。1984（昭和59）年には、前述のように養老線車輛の番号をそれまでの6000番代を止め、下3桁を形式番号とする変更が実施され1M2T編成化が始まった。この

◀6531（→531）。ク6561形から特急用に編入された1形式1輛の付随車。
　　　　1982.11.26　桑名
　　　　　　P：阿部一紀

▼6421（→421）。名古屋線の特急車として製造されたモ6421形。格下げ時に中央に両開きの扉が増設された独特の姿が特徴であった。
　　　　1982.11.26　桑名
　　　　　　P：阿部一紀

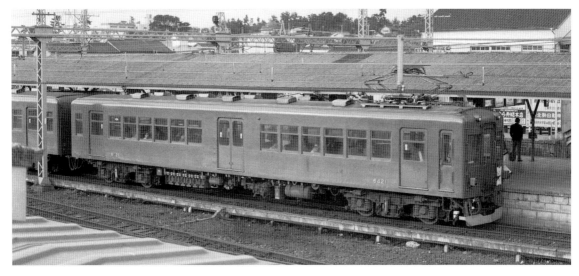

名古屋線時代の6422。養老線には1979年に転入した。
1977.9.4　近鉄富田
P：鈴木鋼一

後の転入車についてはすべてこの手法で改番された。この時点でモーターは日立HS-256-BR-28（115kW×4）、制御器は電動カム軸式の日立MMC-HT-10J、台車は電動車がKD-33M、制御車がKD-32S、付随車がKD32-NとなりブレーキはAMA-R（中継弁付）に纏められた。

廃車は1992（平成4）年12月の426-531-550が最初で1994（平成6）年12月の424-574が最後であった。なお、421と571が1994（平成6）年12月14日、大井川鐵道に譲渡され、特急車塗装を施し2009（平成21）年6月9日休車になるまで活躍し、2016（平成28）年6月に解体された。

（3）6431系モ6431形（6431・6432）
ク6581形（6581・6582）
→430系モ430形（431・432）
ク590形（591・592）
（ク550－ク590－モ430で使用）

1958（昭和33）年、大阪線のビスタカー登場に合わせ、名古屋線初の20m全鋼製Mc-Tc編成の特急車として登場した。近鉄としては特殊狭軌線の車輛を除けば最後の吊掛け駆動の車輛でもあった。

1965（昭和40）年には3扉化、格下げ改造を受け、1979（昭和54）年養老線へ転入した。同時に、これで養老線には伊勢電以来の名古屋線用優等車がすべて足跡を残したことになる。3桁形式の高性能車輛から見ると趣味的には最後の愉快な車輛の時代であった。なお、ク6581・6582はク580形となるべきだったが、当時は元京都線の特急車（元奈良電）ク580が、名古屋線の一般車として存在していたためク590形となった。

この系列は養老線での在籍は長くはなかった。廃車は1993（平成5）年6月の432-592が最初で翌年9月の431-591が最後である。

▲6432（→432）。
1984.3.28　桑名
P：阿部一紀

▶6581（→591）。カルダン駆動への過渡期に作られた特急車6431系は2形式各2輛、合計4輛のみの存在で、近代的な外観ながら吊掛け駆動車だった。　1980.3　西大垣
P：清水　武

（4）サ1560形（1561・1562）
　ク1560形（1565〜1569）

　元は大阪線の通勤車として1952（昭和27）年から翌年にかけて9輌が近畿車輛で誕生した。それまで大阪線では電動車が多く、制御車は8輌しかなく経済的な制御車9輌を増備しMc-Tc編成を増やすことになった。初めての全鋼製車で片側3扉の20m車であった。重厚な車体は特急車2250形のベースになったといわれる。近鉄では1954（昭和29）年最初の高性能車を試作することになり、ク1564・1565の2輌の車体を利用し、1954（昭和29）年高性能電動車に改造し、モ1450形1451-1452のMc-Mc編成とした。その後、モーター、制御器、台車、駆動装置（WN）、電空併用ブレーキなど各種のテストに供され、その後の近鉄車輛高性能化の基礎となった。残りのク1560形7輌は1973（昭和48）年8月、名古屋線のTc車不足を補うため心皿改造で車体高さを変更、補助回路変更の上、名古屋線へ転属した。この際、1563を1565に番号変更。1561と1562を付随車（サ）に変更した。

　1977（昭和52）年9月にはサ1562が養老線に移り、12月には1565、翌年3月に、1568・1561、1979（昭和54）に6月には1566・1567・1569も転入した。その後ク1560、サ1560形は養老線の制御車、付随車として活躍したが、3桁番号に変更される前に姿を消した。

　廃車はク1566・ク1568・ク1569が1983（昭和58）年9月、ク1565が12月、ク1567とサ1562が1984（昭和59）年2月、最後のサ1561が同年3月であった。純粋の大阪線出身車輌が養老線に在籍した期間は短かった。

（5）モ6561形（6562）
　ク6561形（6563〜6565）

　ク6561形は名古屋線の急行車輌改善のため、1952（昭和27）年近畿車輛で製造された19m2扉クロスシート車輌である。このうち6561は1958（昭和33）年8月に6421系特急車の一員として整備されサ6531となったが、ビスタカーの進出で格下げとなり、1979（昭和54）年10月に狭軌化、養老線に移された〔6-（2）参照〕。

　6562〜6565の内6562・6563は1975（昭和50）年に付随車となり、サ6561形を経て1977（昭和52）年9月6564・6565と共に養老線に移った。

　1979（昭和54）年からの第二次近代化実施の際、電動車が不足することになり、6562は6441形と同じ電

◀1562。もともとは大阪線用の制御車として誕生したク1560形のうちの1輌だったが、1561・1562は付随車化された。　1978.8.24　桑名
P：阿部一紀

ク1560形1568。　　　　1978.8.25　桑名　P：阿部一紀

ク6561形6564。　　　　1978.8.24　桑名　P：阿部一紀

■養老線車輌廃車一覧(1970年11月～1994年12月)

廃車年月	車輌番号				
1970.11	モ5012	モ5112	モ5121	モ5132	モニ5041
	モニ5101	モニ5103	モニ5104	モニ5105	モニ6221
	モニ6222	ク5403	ク5412		
1970.12	モ5001	モ5032	モ5131	モ5651	モニ5003
	モニ5043	モニ5102	モニ6224	ク5402	ク6510
1971.1	モ5002	モニ5042	モニ6223	クニ5321	
1971.2	モ5122	モ5663	ク5411	ク5414	ク6509
1971.3	モ5631	モ5011	モニ5021	ク5401	
1971.4	モ5111	ク5413			
1971.10	モニ5106	クニ5331			
1972.9	ク6502	ク6503	ク6504	ク6505	ク6506
	クニ5421				
1977.9	ク6507	ク6508	クニ6484	サ5931	サ5941
1978.5	ク5301	クニ6482	クニ6483		
1979.5	モ5803	モ5804	モニ6225	モニ6226	クニ6481
	サ5945				
1979.10	モ5806	モ5807	モ5808	モ5809	
1979.11	モ5662	モ5801	モ5802	モ5805	モ5810
	ク5303				
1979.12	モ5659	モ5661	モ6242	ク5306	ク6241
1980.1	モ5310	モ5660	モ5823	モ5824	ク5302

廃車年月	車輌番号				
1982.12	モ5309	ク5305			
1983.3	モ5308	モ5821	モ5822	ク5304	
1983.9	ク1566	ク1568	ク1569	ク6563	ク6564
	ク6565				
1983.12	ク1565	サ5961			
1984.2	ク1567	ク1562			
1984.3	モ6562	サ1561			
1992.8	ク547	ク543	モ443		
1992.12	モ426	ク550	サ531		
1993.2	モ425	ク558	ク575		
1993.6	モ432	ク556	ク592		
1993.7	モ422	ク548	ク572		
1993.8	モ441	ク541	ク560		
1993.11	モ445	ク545			
1993.12	モ423	ク573			
1994.3	モ442	ク542	ク546		
1994.5	モ444	ク544	ク557		
1994.9	モ431	ク549	ク591		
1994.12	モ421	モ424	ク559	ク571	ク574

動機MB-148-AF(112kW×4)、制御器MMCを装備し、Mc化され、モ6561形となった。また、6563は制御車に戻されている。Mcとなった6562は1984(昭和59)年3月には廃車となり、M車としては短命であった。なお、6563～6565は一足早く1983(昭和58)年9月に廃車されている。

▶付随車時代の6562。この後、電動車化されて運転台も復活し、1984年の廃車までMcとして活躍した。
　　　　　1978.8.25　桑名
　　　　　P：阿部一紀

▼名古屋線の急行用として製造されたク6561形。この6565は養老線でも2扉クロスシートの制御車のまま使用された。　1982.3.12　西大垣
　　　　　P：田中義人

7. 養老鉄道の在籍車輌

1992(平成4)年以降、名古屋線の1600系や南大阪線の"ラビットカー"6800系モ6850形など、1963(昭和38)年以降製造の高性能車が転入し、それまでの吊掛け駆動車は順次姿を消して行った。これらの高性能車も3桁形式となって、養老線の主役となっている。

車体塗装は養老鉄道発足時は近鉄カラーの白とマルーンのツートンカラーだったが、2008(平成20)年までにマルーン一色になった。しかし、最近は標準カラーのマルーンをベースとしつつ、養老改元1300年の記念カラーや沿線企業のデコレーションカラーを身にまとい活躍する車輌もある。

(1)600系

名古屋線からの1600系を基本とするグループであるが一部南大阪線からの車輌も含まれる。現在3輌編成2本と2輌編成2本が在籍する。

名古屋線車輌の狭軌化については、3輌編成の電動台車には南大阪線6000系の電動機(135kW)を流用したが、2輌編成の電動台車には南大阪線の6800系の台車・電動機(KD-39・75kW)を流用した。これはのちに南大阪線の旧6900系のKD-48とし、3輌編成の電動台車と同じ電動機出力の135kWに統一したが、さらに後年空気バネ式のKD-101に変更された。なお3輌編成の中間車サ550形は南大阪線のサ6150形の改造である。改造の際に団体輸送を考慮して便所が設置されたが、後に廃止された。

最後の606-506は南大阪線の6800系ラビットカーが転入したもので、養老線でも旧塗装に戻され、マスコットカーとして話題を呼んでいる。

かつて転入した505-605(1715-1615)は2001(平

600系504-604。名古屋線の1600系・1800系をベースとした編成で、旧番は1951(→504)、1658(→603)。2013年から1600系登場時のベージュに青帯の塗装となっている。
2014.1.25 播磨 P:鈴木鋼一

成13)年廃車、503-603(1951-1658)も2016(平成28)年4月に廃車された。

(2)610系

名古屋線1800系を基本とし、一部南大阪線からの転入車を含むグループである。当初、2輌編成4本、増結用車輌2輌の10輌が転入した。

最初は名古屋線からの2輌編成4本が登場したが、増結用Tcに南大阪線6800系の増結用Mcを電装解除して使用。改軌した2輌編成のうち2本は増結を考慮した。このうち611のMc台車は当初新製したインダイレクトマウント式の空気ばね台車KD-101を履き、車輌形式はモ610形、612のMc台車は大阪線の6800系からのKD-48を履き、同車輌形式をモ612形とした。

増結対象としていなかった613・614は南大阪線の6800系からのKD-39で登場したが、その後611を含めすべてKD-48に統一し、全車出力135kWとし、モ612形とされた。

2017(平成29)年、611は台車を603からの発生品KD

名古屋線1800系1802-1902をベースとした610系612-512。2017年には養老町の"養老改元1300年祭"をPRするラッピングとなっていた。
2017.4.25 駒野-美濃津屋
P:鈴木鋼一

600系の中で唯一南大阪線の"ラビットカー"6800系をベースとした506－606。旧番は6857（→506）と6858（→606）。6800系登場時のオレンジ色に戻されており、養老鉄道の車輌群の中でもひときわ目立つ存在である。　　　2017.4.25　駒野－美濃津屋　P：鈴木鋼一

－101に再度履き替え、同車のみモ610形に戻った。Tc車の台車は一時、KD－32Hを履いたが最後はMc車の振り替えで発生したKD－39を流用した。

2001（平成13）年には増結用Tc車531・532は廃車となり、代替で入線した南大阪線の6020系4連を625編成（3連）とした。その際余剰となった6109をサ570形（571）として611編成に組み込み、現在3輌編成1本、2輌編成3本で使用中である。今では名古屋線出身車というよりメカ的には南大阪線色が濃くなった。

（3）620系

これは、全車南大阪線出身車のグループである。改軌後50年以上経過した名古屋線は、もはや養老線への車輌供給源ではなくなったことを象徴している。

南大阪線の6000系4次車の3輌編成4本12輌である。転入時期は621（6011）編成の1992（平成4）年6月が最初で、続く3本は翌年に転入した。台車（KD－61系）の履き替えもなくダイヤフラム式の空気ばね台車は健在である。ただし中間M車だった車輌は他の編成と同じく電装解除されている。

2001（平成13）年にはやはり南大阪線から6020系4輌編成1本が転入し、T車（6109）を除き625編成としたが、M車の制御形式の違いなどで形式はMc車のみ625形として区別されている。もちろん中間M車は電装解除でサ560形（565）となっている。622編成はすでに廃車され、現在は3輌編成4本が活躍を続けている。

今や養老線は南大阪線車輌の第2の働き場所となっている。ラビットカーの転入に違和感を感ずる時代ではなくなったのだ。それも、現在では次世代の車輌が求められる状況だという。

南大阪線6000系をベースとした620系521－561－621。旧番は6106（→521）、6012（→561）、6011（→621）。養老鉄道名物、薬膳列車に使用中の姿。　2013年　播磨　P：鈴木鋼一

伊勢電が川崎造船で製造した凸型機デ1(旧伊勢電501)。同型の山形交通高畠線ED1、東急デキ3021より製造は2〜3年早い。
西大垣　P：清水　武

8．電気機関車

(1) デ1形(1)

伊勢電が川崎で製造した電気機関車。凸型運転室の小型電機のため使用されることは少なかった。名古屋線標準軌化の時に1が養老線に来た。2は標準軌化され名古屋線に残り、当時、塩浜工場の入換車となる。養老線では本線で貨物列車を牽くことは少なかった。

(2) デ1形(6・7)

養老鉄道の電化時には機関車6輌必要と提案されたが、立川社長は賢明であり、揖斐川電気は日車で2輌を新造した。伊勢電合併後の1936(昭和11)年でも機

デ1(川崎造船)とデ11形(EE)の銘板。　1963.3　P：清水　武

関車は2輌で足りていた。

電車用の台車TR-10を履き、この時代の日車製らしいが、側面に出入り台があるのに、デッキ付きのスタイルだった。終始養老線で活躍するが、1971(昭和46)年に1と同時に廃車された。

(3) デ11形(11・12)

1928(昭和3)年伊勢電がイギリスのEE社から輸入した機関車で、西武鉄道や東武鉄道などにも同型機が存在した。長らく名古屋線所属だったが、名古屋線改軌の際養老線にやってきた。貨物営業の末期まで活躍し、1983(昭和58)年〜1984(昭和59)年に廃車された。

(4) デ25形(25)

戦時中の1944(昭和19)年の製造で、伊豆急行の

マルーンに黄色帯の塗色となった晩年のデ1。
西大垣　P：阿部一紀

揖斐川電気として電化された際に導入された、養老線生え抜きの電気機関車デ6（旧揖斐川電気1）。大きなデッキを持つもののデッキ側には車体の出入口がない。晩年まで養老線で活躍した。　　　　　　　　　　　　　　　　　　　　　　　　　　1963.3　美濃高田　P：清水　武

▲(左)デ11(旧伊勢電511)。
　　1966.7.14　揖斐
　　P：阿部一紀

▲(右)デ7(旧揖斐川電気2)。
　　1966.7.28　西大垣
　　P：阿部一紀

▶デ12(旧伊勢電512)。デ11形は青梅電気鉄道や東武鉄道、秩父鉄道などで見られた英国イングリッシュエレクトリック、いわゆる"デッカー"の一統であった。
　　1963.3　美濃高田
　　P：清水　武

ED2511と同形である。凸型車体を持つ大型機であり、養老線では主に桑名(東方)～大垣間の、関西本線～東海道本線の短絡輸送用の直行列車を牽引した。1991(平成3)年に廃車された。

(5) デ31形(31・33)

近鉄発足後の1948(昭和23)年、三菱重工で3輌製造された。三菱重工が私鉄向きに標準設計として送り出した45tタイプの機関車。ただし、近鉄のものは40t機である。伊賀線31、名古屋線32、南大阪線33と配置されたが、名古屋線の改軌の際、32は改軌され、21と共に同線の貨物輸送や、養老線車輌の塩浜工場(当時)への検査、回送牽引用などに使用後、1983(昭和58)年から塩浜検修車庫の入換え用に転じた。33は南大阪線で使用後、1964(昭和39)年1月には養老線所属となり、デ25と共に直行列車の牽引に活躍した。31は伊賀線に配属されたが1971(昭和46)年10月養老線に移ってきた。

養老線の貨物営業廃止後は検査車輌の入出場時に桑名(東方)までの回送車の牽引や積雪時のラッセルなどに従事した。しかし2000(平成12年)11月3～5日に31－33の重連でお別れ運転を実施した。桑名(東方)でのイベント終了後、7日には一旦、西大垣検車区に戻ったが、11月22日重連で桑名(東方)へ回送、デ31が24日、デ33が29日に塩浜検修車庫へ回送された。

デ25。戦時下の1944年生まれの大型機。国鉄ED30(→伊豆急ED2511)の兄弟にあたる。　1975.6.28　西大垣　P：阿部一紀

(6) デ61形(61・62)

元々は大阪鉄道が1927(昭和2)年の電化に際して4輌新製した機関車である。電気品はウエスチングハウスで、近鉄電機の中では最多形式であった。永年南大阪線、吉野線やその支線区で活躍したが、1970(昭和45)年デ61、1971(昭和46)年にはデ62も養老線に転じ、同線の在籍機関車輌数は最多の10輌となった。養老線へ来た時の台車はDT13(平軸受)に変わっていた。見かけの割には出力が小さく、直行列車を牽くことは多くはなく、活躍の場は少なかった。

1984(昭和59)年7月22・29日には廃車されるデ12と

デ33。デ31形は戦後狭軌線用に3輌が作られた。40t機だが、同じ標準設計の大井川鐵道E10形と神戸電鉄ED2000形は45t、小田急デキ1040形は50tと、各社で大きさ、出力に違いはある。
　　　　　　　　　　　　　　　　　　　　　　　　1966.7.14　西大垣　P：阿部一紀

▲大垣〜桑名(東方)間のセメント輸送列車を牽引するデ25。　烏江－美濃高田
　　　　　　P：清水　武

◀デ62(旧大阪鉄道1002)。デ61形は南大阪線からの転入。ウエスチングハウスの電気品を使用した三菱造船製の電気機関車だが、養老線に来た時には電車用のDT13を履いていた。　1977.1.18　大垣
　　　　　　P：矢崎康雄

▼デ61(旧大阪鉄道1001)。
　　　1975.6.25　西大垣
　　　　　　P：阿部一紀

デ62が改番されたク543－モ443を挟み、イベント列車として桑名〜大垣〜養老間で運転された。

■

　養老線ではピーク時の1966(昭和41)年には73万tの貨物輸送があったが、順次、線内貨物駅の扱い廃止、1982(昭和57)年には桑名駅での貨車中継廃止となり、残るは西大垣駅構内に隣接する日本合成化学などの化学工場から集荷される、大垣中継の危険品の短距離輸送のみとなった。これも自動車輸送となり、1985(昭和60)年、養老線の貨物輸送は完全に終了した。

■主要諸元表

	車輌形式	車輌番号	車体寸法(mm) 長さ	車体寸法(mm) 幅	車体寸法(mm) 高さ	自重(t)	定員(人) 座	定員(人) 立	制御装置	主電動機 形式	主電動機 容量(kW)	主電動機 個数	台車	製造所	製造年	車体構造・扉数	運転台	貫通路	記事
旧揖斐川電気・養老電気鉄道	モ5001	5001・5002	14,355	2,489	3,951	27.5	48	90	PC型	GE-269-C	37.3	4	ブリルMCB-2-B	日車	大12.2	2	両	無	昭30半鋼化、妻面3窓
	モ5011	5003・5004	14,533	2,490	〃	28.5	40	80	〃	〃	〃	〃	〃	〃	〃	〃	〃	〃	昭30半鋼化、妻面2窓
	モ5011	5011・5012	14,445	2,500	3,730	27.0	42	92	P.R.C	芝浦SE-118-C	37.3	〃	ボールドウィンA	東洋	昭3.4	半鋼	3	片	改造：5011昭33・5012昭33
	モ5011	5021	14,200	2,550	4,090	28.9	42	88	東洋TDKに変更	GE-269-C	〃	〃	ブリルMCB-2-B	日車	大12.2	半鋼	2	片	昭33改造(片運化・貫通化)
	モ5031	5031・5032	14,200	2,621	4,017	28.0	100	48	〃	〃	〃	一	D-16に変更	〃	大13.7			〃	モハニ5・100の事故復旧車
	モ5040	5041～5043	14,270	2,490	3,976	〃	38	76	ABN	ー	ー	ー	D-18	東洋	大12	半鋼	3	両	モハニ9・6・7
	ク5401	5401・5402	14,590	2,489	3,853	22.5	44	88					〃	〃	昭13.9	〃	〃	〃	正面2枚窓、昭30鋼体化
		5403	14,270	2,490	3,757	〃	40	〃					ボールドウィンA	〃	昭3	〃	〃	〃	昭33改造
	ク5411	5411～5414	14,220	〃	3,707	20.2	44	90					〃						昭39片重化、昭40Tc化
	ク5320	5321	14,523	〃	3,730	23.5	40	80					ブリル27-MCB-2	日車	大12.9	半鋼	2	片	モハニ5031の電装解除
	ク5330	5331	14,200	2,621	〃	23.2	42	85											
旧伊勢電気鉄道	モ5101	5101～5106	15,541	2,735	4,165	29.5	42	94	HL・ABN	K7-563-A	48.5	4	D-18	川造	大15	半鋼	2	片	荷重1t
	モ5111	5111～5112	15,543	2,742	4,186	31.5	44	104	〃	〃	〃	〃	〃	〃	昭2	〃	〃	〃	荷物室撤去
	モ5121	5121～5122	17,076	2,641	4,167	31.6	56	114		〃	〃	〃	D	日車	大15.2				
	モ5131	5131・5132	15,577	2,703	4,161	〃	52	110		〃	〃	〃	D-18	〃	昭2				
	モ6201	6201・6202	15,758	2,740	4,171	37.2	〃	100	6201：GE-PC 6202：芝浦PC	三菱MB-64-D	74.6	ー	〃	日車	昭3	半鋼	3	両	旧201・211
	モ6221	6221～6224	17,738	〃	4,185	36.0	46	108	東洋電動力入輔式	東洋TDK-528-A	ー	ー	D-16	日車	昭4	半鋼	2	両	旧221
	ク5421	5421	17,860	2,743	3,880	29.2	78	40	HL・ABN	ー	ー	ー	〃	〃	昭5.12				旧235
	ク6231	6240				27.2	52	86		ー	ー	ー							昭240→モ6240→ク5361 (伊賀線)
	モ5820	5821・5823	〃	〃	4,186	40.3	46	〃	日立MMC-HT-10A	WH516-J	75	4	〃	〃	昭5	〃	〃	〃	旧かもしか号用
	モ5820	5822・5824	〃	〃	3,728	38.2													(伊賀線)
	ク6481	6481～8484			3,880	29.2		108											
名古屋線・南大阪線などからの転属	モ6501	6501	16,852	2,735	3,860	28.0	48	101	ー	ー	ー	ー	D-16	川造	昭4	全鋼	2	片	6503は事故復旧 名古屋線改軌後はD-16A
	ク6501	6509・6510																	
	モ5631	5631～5663	15,636	2,680	4,150	31.9	44	104	AL	WH-556-J6	75	4	ボールドウィン84-25AA	川造	大12	半鋼	3	両	貫通化(昭34)
	モ5651	5651～5663	16,904	2,743	4,191	34.9	52	100		〃	〃	〃	〃	〃	昭3				関急1形 昭48モ5300形に変更
	モ6301	6308～6310	17,800	2,700	4,100	35.9	50	135		東洋TDK528-11・IM	112	4	D-16	日車	昭12				昭47電装解除
	モ6301	6301～6306			4,034	30.0	50	79					〃	〃	〃				昭48ク5300形に変更
	モ6241	6241～6242	17,738	2,743	4,162	33.6	52	104	TDK電動カム軸式	TDK-528-C	104.44	4	〃						旧伊勢電の火災復旧車 236・238
	モ6221	6225・6226	〃	2,700	4,185	26.0	46	100		TDK-528-A	74.6	〃	〃						旧伊勢電221
	モ5800	5801・5803	15,070	2,740	4,150	30.0	36	104	日立MMC-HT-10B	WH-556-J6	75	〃	〃			半鋼	3	両	制御器は偶数車装備、ユニット化
		5802・5804			3,820														
		5805	15,205		4,150														
		5806			3,820														
		5807・5809	15,070		4,150													片	
		5808・5910			3,820													両	
旧志摩線	サ5930	5931	15,830	2,600	3,880	21.0	48	114	ー	ー	ー	ー	KS-33E	ナニワ	昭27	半鋼	2	両	ク602→ク3502→ク5931
	サ5940	5941	16,140	2,692	4,170	(27.0)		104	ー	ー	ー	ー	D-14	日車	昭4(昭34)	全金	2	〃	モ551→5211→5941 (自重はMc)
	サ5945	5945	〃	〃	〃	(29.8)			ー	ー	ー	ー	日車ND-105		昭32			〃	モ552→5212→5411→5945 (自重はMc)
		5961																一	キハ5401→5961

車輌形式	車輌番号	車体寸法(mm)			自重(t)	定員(人)		制御装置	主電動機			台車	製造所	製造年	車体構造・扉数	運転台	貫通路	記事
		長さ	幅	高さ		座	立		形式	容量(kW)	個数							
モ6441	6441～6445	20,720	2,740	4,190	39.5	64	106	日立MMC-HT-103	三菱MB-148-AF	112	4	KD-31D	近車	昭33	全金・3	片	両	モーター・制御器は養老線転入時に換装 モ440・ク550形に改番
ク6541	6446～6450	〃	〃	〃								KD-31C	〃	〃	〃	〃	〃	
	6543～6545	20,720	2,740	3,990	23.3							日車ND-10	日車	昭35	〃	〃	〃	ク540形に改番
	6546・48・50	〃	〃	〃								日車ND-9						
	6547											KD-32B						
	6549											KD-31A						
モ6421	6421～6425	19,800	2,740	4,095	41.2	48	96	MMC	HS-256-BR-28	115	4	KD-33M	日車	昭28	〃	〃	〃	モ420形に改番
	6426	〃	〃	〃	41.8							KD-32S	〃	昭30	〃	〃	〃	
ク6571	6571～6573	〃	〃	3995	28.5	48	97					KD-32S	〃	昭28	〃	〃	〃	ク570形に改番
	6574・6575					52	46											
モ6431	6431～6432	20,720	2,736	4,100	40.0	68	97	MMC	HS-256-BR-28	115	4	KD-57N	近車	昭33	〃	〃	〃	モ430形に改番
ク6581	6581・6582	〃	〃	3,995	30.6	64	91					KD-34S	〃	〃	〃	〃	〃	ク590形に改番
サ1560	1561・1562	20,720	2,744	3,735	30.0	70	90	MMC				KD-32N	〃	昭27	〃	〃	〃	
ク1560	1565	〃	〃	4,045	30.5	66	84									片		
	1566・1567											KD-31S						
	1568・1569											KD-51N						
モ6561	6562	19,720	2,740	4,120	38.0	60	60	ABF	MB-148-AF	112	4	KD-32M	〃	昭27	全金・2	〃	〃	
ク6561	6563～6565	〃	〃	4,020	27.2	52	48									〃		
サ6531	6531		2,736	3,760	30.0			―	―			KD-32N				―		サ530形に改番
モ600	601～604	20,720	2,740	4,120	40.0	57	88	VMC	MB-3082-A	135	4	KD-101	近車	昭41.3	全金・4	片	両	旧1656～1659
ク500	501・502	〃	2,709	3,990	32.0	57	88					KD-39A	〃	昭40.9	〃	〃	〃	旧1751・1752
ク500	503・504	〃	〃	〃	30.0	60	92					KD-39	〃	昭41.10	〃	〃	〃	旧1951・1952
サ550	551・552	〃	2,736	4,037	36.0	57	88	VMC	MB-3082-A	135	4	KD-61C	〃	昭43.5	〃	―	〃	旧6152・6153
モ606	606	〃	〃	4,120	32.0	57	88					KD-48	〃	昭38.5	〃	片	〃	旧6857
ク506	506	〃	2,709	3,990	32.0	57	88					KD-39D						旧6858
モ612	611～614	〃	〃	4,120	40.0	57	88	MMC	MB-3082-A	135	4	KD-48	〃	昭41.10	〃	片	〃	旧1801～1804
ク510	511～514	〃	〃	4,037	33.0	58	99					KD-39						旧1901～1904
サ570	571	〃	〃	〃	28.0	57	88					KD-61C				―		旧6109
ク620	621・623・624	〃	2,709	4,037	38.0	57	88	VMC	MB-3082-A	135	4	KD-61	〃	〃	〃	片	〃	旧6011・6015・6017
ク520	521・523・524	〃	〃	〃	31.0	64	92					KD-61A						旧6108・6114
サ560	561・563・564	〃	〃	4,120	30.0	57	88					KD-61H				―		旧6012・6016・6018
モ625	625	〃	2,736	4,032	38.0			NMC	MB-3082-A	135	4	KD-61B				片		旧6037
ク520	525	〃	2,743	4,037	31.0							KD-61A		昭45.9				旧6129
サ560	565	〃	〃	4,120	30.0	64	92					KD-61H						旧6038
デ1	1	8,552	2,732	4,115	26.5	―	―	直接	K-7803-A	59.7	4	棒台枠・イコライザー	川造	昭2	凸			
デ1	6・7	10,589	2,454	3,740	32.0			〃	SE-102-M	85.8	〃	DT-10類似	日車	大12	箱			
デ11	11・12	10,683	2,616	3,935	36.0			電動カム	DK-91-1C	112.0	〃	板台枠	EE-NB	昭3	凸			
デ25	25	11,030	2,743	3,945	30.0			電空	TDK-592PA	128.0	〃		日車	昭19	〃			
デ31	31・33	10,800	2,700	3,810	40.0			直接	MB-280-AR			棒台枠・ウイング	三菱重工	昭23	箱			
デ61	61・62	10,152	2,678	4,017	35.0				WH-576-JF-5	97.0	〃	DT-13	三菱造船	昭2	凸			

あとがき

　今年大垣市は市制100年を迎える。養老鉄道は1月1日から新体制での経営スタートを切った。地方のローカル私鉄としては厳しい出発であるが、来年は桑名〜揖斐間の全通から100周年となる。この記念すべき時に、今までの歴史を辿る手がかかりの一つとして、この本を纏めることが出来た。筆者の故郷、大垣の愛着ある養老線の歴史をこうした形で本にすることが出来たのは、多くの写真を提供して戴いた阿部一紀、矢崎康雄、田中義一、鈴木鋼一の各氏、またご多用の中、原稿の中味についてご指導、ご校閲を戴いた、近畿日本鉄道（株）企画統括部技術管理部（車両）の奥山元紀、鉄道史学会会員の澤内一晃両氏のお手を煩わしたことに厚く御礼を申しあげます。併せて編集担当の高橋氏のおかげで出版できたことを感謝いたします。

　　　　　　　　　清水　武（鉄研三田会会員）

●参考文献
鉄道ピクトリアルNo.219〜224・226「私鉄車両めぐり（近畿日本鉄道）」（1969年　電気車研究会）
『最近20年のあゆみ』(1980年　近畿日本鉄道株式会社)
鉄道ピクトリアルNo.102〜106「近畿日本鉄道特集」(1960年　電気車研究会)
鉄道ピクトリアルNo.219〜224「近畿日本鉄道特集」(1975年　電気車研究会)
鉄道ピクトリアルNo.398「近畿日本鉄道特集」(1981年　電気車研究会)
鉄道ピクトリアルNo.727「近畿日本鉄道特集」(2003年　電気車研究会)
「車両要覧」(2010年　近畿日本鉄道株式会社)
『私鉄ガイドブック4　近鉄』慶應義塾大学鉄道研究会(1970年　誠文堂新光社)
『世界の鉄道'69』電気機関車特集(1968年　朝日新聞社)
『世界の鉄道'80』電気機関車特集(1979年　朝日新聞社)
「ひかり」1983年No.2　近畿日本鉄道広報部(1983年)
鉄道ジャーナルNo.602「養老鉄道」(2016年　鉄道ジャーナル社)
鉄道ファンNo.509「今年90周年の養老鉄道」清水　武(交友社)
鉄道ファンNo.333「楕円窓の旅客車考現学」亀井一男・吉川文夫(交友社)
『電車の肖像　上巻』西尾克三郎(2001年　エリエイ)
『養老線70年のあゆみ』近畿日本鉄道西大垣駅　上杉佐市(1983年)
『きんてつの電車』近畿日本鉄道株式会社技術室車両部(1993年)
『高橋　弘作品集　関西の私鉄懐かしき時代』(1989年　交友社)
『日車の車輛史図面集』日本車輛鉄道同好部(1996年　鉄道史資料保存会)
『世界の鉄道'69』(1968年　朝日新聞社)

P：清水　武